植物星球

韩雨江　李宏蕾◎主编

吉林科学技术出版社

图书在版编目（C I P）数据

植物星球 / 韩雨江，李宏蕾主编. -- 长春 : 吉林科学技术出版社，2021.6
（七十二变大冒险）
ISBN 978-7-5578-8075-0

Ⅰ. ①植… Ⅱ. ①韩… ②李… Ⅲ. ①科学实验－少儿读物 Ⅳ. ①N33-49

中国版本图书馆 CIP 数据核字 (2021) 第 101941 号

七十二变大冒险 ZHIWU XINGQIU 植物星球

主　　编　韩雨江　李宏蕾
绘　　者　长春新曦雨文化产业有限公司
出 版 人　宛　霞
责任编辑　冯　越
封面设计　长春新曦雨文化产业有限公司
制　　版　长春新曦雨文化产业有限公司
选题策划　长春新曦雨文化产业有限公司
主 策 划　孙　铭　徐　波　付慧娟
美术设计　李红伟　李　阳　许诗研　张　婷　王晓彤　杨　阳
数字美术　曲思佰　刘　伟　赵立群　李　涛　张　冰
文案编写　张蒙琦　冯奕轩

幅面尺寸　170mm×240mm
开　　本　16
字　　数　125 千字
印　　张　10
印　　数　1-5000 册
版　　次　2021 年 6 月第 1 版
印　　次　2021 年 6 月第 1 次印刷
出　　版　吉林科学技术出版社
发　　行　吉林科学技术出版社
地　　址　长春市福祉大路 5788 号出版集团 A 座
邮　　编　130118
发行部电话 / 传真　0431-81629529　81629530　81629531
81629532　81629533　81629534
储运部电话　0431-86059116
编辑部电话　0431-81629518
印　　刷　吉林省创美堂印刷有限公司
书　　号　ISBN 978-7-5578-8075-0
定　　价　32.00 元 / 册（共 5 册）

前 言

随处可得的实验材料
让每个人都能成为小科学家

炫酷的动画 * 新奇的故事 * 奇妙的实验 * 简单的操作

唐吉在家看一本关于植物养护的书，书中介绍了在给植物浇水的同时会得到一滴“植物的眼泪”。唐吉查阅资料，了解到“泪珠身世”的故事，唐吉揣测，泪珠来自植物星球，与“古约门之盾”的碎片有关，这是植物星球的召唤。

唐吉将泪珠做成项链系在脖子上，此时镜子开始发光，唐吉被卷入一个陌生之地。

醒来之后，他看到了昔日的伙伴：被小飞云带到这里的蓝琪、孙小空和包子。这里干旱燥热，一片荒芜且水资源短缺，跟唐吉脑海里的植物星球大相径庭。

他们了解到了植物星球的过往，听闻这里以前长满了植物，还有一个守护精灵，但是后来因为植物星球的“养护人”不愿学习植物养护的知识，最终因一场大火使植物星球变成了一片无尽的荒野，植物枯死，植物精灵消失。唐吉拿出带来的种子在这里教人们认识种子、播种种子，重新蕴蓄生机，齐心协力让植物星球变得绿意盎然。他们还在这里传播实验知识，运用实验原理帮助这里的人制造便捷运输工具，与此同时，通过泪珠的提示，唐吉四人见到了植物精灵，植物精灵感激他们让植物星球恢复了原有的样子，唐吉也看到了植物精灵脖子上佩戴的碎片……

目录

人物介绍

姓名：唐吉

* 性别：男
* 年龄：11 岁
* 梦想：成为最有智慧的人
* 性格特征：

唐吉为人保守，喜欢读书，终日沉浸在自己的理想世界中，梦想着有一天能成为这个世界上的智慧尊者，用自己的能力开创出一个新的思维生活空间。但不得不说，唐吉是几个孩子中懂得最多的人。

姓名：孙小空

* 性别：男
* 年龄：9 岁
* 梦想：成为一个可以拯救世界的大英雄
* 性格特征：

孙小空为人正直勇敢，心地善良，乐于助人，快言快语，遇到不公平的事情会挺身而出。但有点狂妄自大，法术不精，冲动的个性让他经常好心做错事，闹出很多笑话。不过愤怒会激发他的小宇宙，调动他的潜在能力。他用心地守护着身边的伙伴们，每当遇到危险时都竭尽所能带领他们逃脱困境。

姓名：猪小包

* 性别：男
* 年龄：9 岁
* 梦想：成为一个吃尽天下美食的美食家
* 性格特征：

猪小包小名包子，整天贪吃贪睡，胆小怕事，行动力非常差，经常拖团队的后腿。但是他没有心机，见不得朋友伤心，却又不知道自己能做些什么。可是他打个哈欠就能制造出龙卷风，处在危险境地时一个屁也能发挥神力，误打误撞地解救了朋友。没有食物的时候脾气会变得暴躁，吃饱了力气就会变得很大，是团队中的“贪吃大力神”。

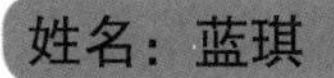

* 性别：女
* 年龄：10 岁
* 梦想：成为一名美丽与智慧并存的勇者
* 性格特征：

长相甜美，非常讨人喜欢，大智若愚，善于观察。当朋友遭遇危机时，会挺身而出，救朋友于水火中。蓝琪为人和善，善于聆听，在团队里经常起到指挥的作用。

泪珠之迷

原来种植
植物需要
这么多步
骤啊！
植物
养护
水是万物的生命之源

好大
的风！
还是关上
窗户吧。

吃些水果，
润润嗓子。
植物
养护

植物
养护

任何植物都要有足够的
水分才能生存下去！
植物根系分两种：
直根系和须根系。
植物
养护

外面也太晒了吧！
要把水浇在根部才会使植物充分吸收水分。
哇！

这是泪珠吗？
我去电脑上查询一下。
把你放在阳光处吧。
植物流下的眼泪是什么？
只有精灵王国的植物才能流出泪珠，难道……

书包在抖动。
碎片发光了。

古约门之盾

原来“古约门之盾”暗含一种神秘的能量。
古约门之盾
如果能量源发光，那么周围的人或事物便与它有缘。
难道泪珠与碎片之间有什么联系……

或者这是来自植物星球的召唤？

终于找到了！
把泪珠穿在这个绳上吧，防止弄丢。

这样就不怕把
你弄丢了。

!
绿光!

摘不下来了。

嗯?
什么?
镜子变成了一个深洞?
!

第①变
奇幻的封水布

扫描章节最后一页，
观看实验视频教程

唐吉的
书包？

这是什么破地方，我的脸都要被蒸干了！

小飞云带我来的，我怎么知道！
唐吉怎么不见了？

?

是唐吉！

唐吉，
快醒醒啊！

烈日高照
前面有房子，
应该有人住吧。

?
咚咚
我先过去敲门。
我朋友晕倒了……

快进来吧，
他可能是中
暑了。

这里也太
热了吧！

只能给你们这
么多水，一定
要省着点用！

咳咳
唐吉，
你醒了。

等水被蒸发完，
我们就没水了。

那我教你们存水吧！
你休息，我教他们！

你们有纱布和橡皮筋吗？

先在瓶子中倒入水，再用纱布盖住瓶口，并用橡皮筋扎紧。

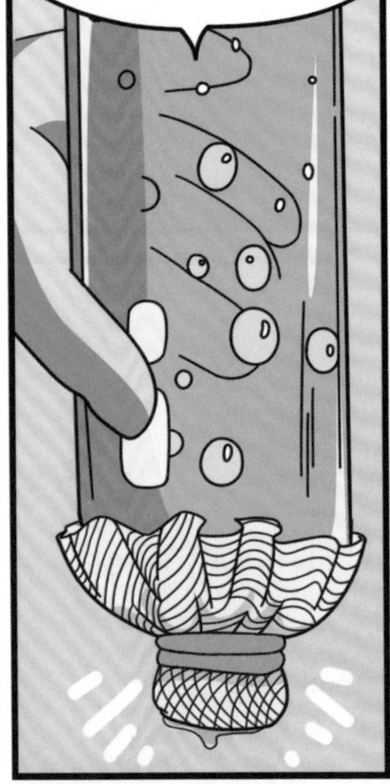

瓶子倒过来时，由于纱布被湿润后，瓶内的水与纱布上的水相互作用，产生了表面张力，形成了一层保护膜，堵住了纱布的孔，所以水就被困住出不来了。

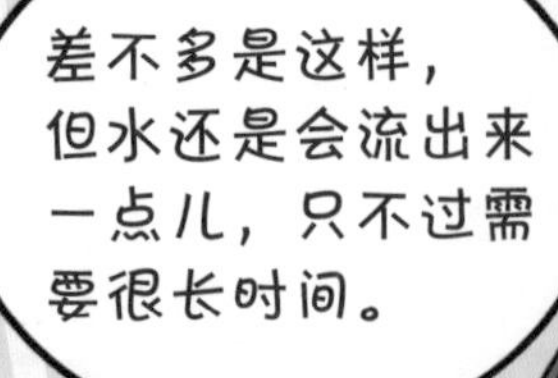

这个和存水有什么关系？
只要封住装水的口，水蒸发的速度就会变慢。
蒸发慢了，水就可以存久一点了！
点头

看！这里冒出绿芽啦！

啊！
呀！
哦！
哇！

开心
这里很久没长出新植物了吗？
App 扫一扫，观看实验视频教程

第②变
认识种子

扫描章节最后一页，
观看实验视频教程

对呀，这里的植物特别稀少。
这是我带来的种子，只要有种子，我能帮你们种出很多植物。

种子？

你们知道种子是什么吗？

种子和巧克力豆
的样子差不多！
我好想回去……
有植物长出来说明这里
原来就有种子。
只是水分不足，所以
植物无法生长。
我们还是
不懂……

我没有吃过
巧克力豆。

也许他们
只是不知
道种子是
什么而已。
这里应该很久没
长植物了。

那你们想不想
认识种子呢？
认识种子又有
什么用呢？
认识种子后，
你们就可以
自己种啦！
是的，之后
这里就会长
出很多绿芽！
真的吗？那快
教教我吧！

你是在找
资料吗？
之前放在
书包里的
卡片怎么
找不到了？
唐吉哥哥，你
说的是这些卡
片吗？

我以为
是扑克牌
……
你什么时候
拿的？
……

怎么可以随
便拿别人的
东西！
算了算了，下次
需要什么跟我说
一声就好！

我来帮你吧！
这些一粒一粒的就是种子。
这个是种子长大后的样子吗？

种子是树木、花草等的繁殖器官，对延续物种起着重要作用。
种子的作用很大吗？
粮油、棉、胡椒调料、咖啡等都来自不同的种子。
种子真是太神奇了！
App 扫一扫，观看实验视频教程

第③变
认识叶脉

扫描章节最后一页，
观看实验视频教程

你们想种绿色植物吗？
当然想啊！

那你们就要了解植物，爱护植物。

教他们认识叶脉吧！
之前放在你这里的书还在不在啊？
书签
我们可以用自带的叶子和卡纸来制作书签，这样能更好地观察叶脉。

你竟然还有书？
我难道不是爱学习的人吗？这可是《猴家宝典》！
猴家宝典
刚好我这里还有一些书签和穗子。
哇，太棒了！

首先，把穗子系在书签的圆孔上。
胶棒
涂
把书签的一面涂上胶。
然后把叶子平整地贴在书签上。
胶棒
最后把书签平放在通风处，等待胶干透。
这个叶子里分叉的管子是什么？
这是用来传输养料的通道。

从哪运输养料啊？
笨死了，当然从根部开始运输啊！
根要把从土壤中吸收来的水分和无机盐运送到叶子里。
认真
叶子里面那些很细、很小的分叉的管子就是叶脉。

叶脉是不是支撑着整个绿植？
是的，如果没有它，整个叶片就会卷起来。
原来是这样子呀！看来想要种好植物要学不少知识呢！
只要你愿意学，孙哥哥都会教你的。

思考……
唐吉哥哥，你们来到这里没地方住，不如先住我们家吧。我和弟弟住一个房间，蓝琪姐姐住一个房间，你和另外两个哥哥住客厅，可以吗？
太棒了，这样我们就不用担心没有地方住了，谢谢你们。
哥哥，你刚才在看什么？
没什么，我想问下你们这里多久没有植物生长出来了。

长辈告诉我这里已经很久没有长出新的植物了。

以前这里是森林，后来植物才急剧变少的。

那我们到外面寻找一些现有植物的种子吧。
好呀，好呀！

难到这是“古约门之盾”的线索吗？

3小时后……
种子？
这是不是种子？
太阳下山，我们行动吧！
嗯嗯，应该是仙人掌的种子。
App 扫一扫，观看实验视频教程
他们在干什么？

第④变
黄豆大变身

扫描章节最后一页，
观看实验视频教程

你们是在
求雨吗？
是呀，已经一个月没
下雨了，你是？

我和朋友们来
收集种子。

收集种子？
是要种植吗？

对呀，这里的植物太稀少了。

你们竟然会种植物，可以教我们吗？
当然可以。

你们还有水吗？
有的，我带你去我家。

我这里准备了清水、纸巾、3个小杯子、1个大杯子和一些黄豆。
将黄豆浸泡在清水中。
浸泡一两天后，黄豆会发生膨胀。
这是我自己泡了两天的黄豆。
在3个小杯子中装入水，再将纸巾浸泡在水中。

将黄豆放在纸巾上，几天后
黄豆开始萌芽。

可是豆子
还是没有
发芽啊！

这个我知道，一
般要等4~6天。
是的，种子发
芽的过程是很
慢的。
可是为什么
要一直浸泡
在水中呢？
???

这个很
好理解。

种子萌芽时，首先是吸水，种子浸水后使种皮软化、膨胀，可以使更多的氧气透过种皮进入种子内部。

吸水
膨胀软化
吸收氧气
排出二氧化碳
发芽
同时二氧化碳透过种皮排出。
其次是呼吸，种子只有不断地进行呼吸，才能保证生命活动的正常进行。

你们好聪明！

请问你们是来自精灵王国吗？
我们是有智慧的人，不是精灵！
我们虽然不是精灵王国的人，但我脖子上的泪珠来自精灵王国。
这颗泪珠是从一颗盆栽植物上流下来的，也是它带我来到这的。
可是我记得我们在小飞云上啊！难道我们不是一直在一起的吗？
等一下再让唐吉解释吧，我们先把精灵王国的事弄明白！

很久以前，这里长满了植物，有一个在这里守护的植物精灵。
这里的人们生活得很幸福。
但是后来因为植物星球的养护人不愿学习《养护大全》的知识，多次偷懒，渐渐地就没人懂得怎么打理和种植了。
最后植物枯死，植物精灵消失，星球也就变得越来越干燥。
在一个炎热的午后，一场大火让植物星球最终变成一片无尽的荒野，《养护大全》也被烧了。
我们这里似乎并不缺少氧气，只是植物太少了！也许植物精灵一直在某个角落守护着我们。

精灵还在的时候也戴着一个类似的东西。
也是一颗泪珠吗？
不是的，它的形状不规则，像是一个……
像是一块碎片是不是？
也许是碎片让氧气还存在着。
对的，像一块碎片，听说偶尔会发光。
那估计就是“古约门之盾”的碎片了！

太阳落山
天快要黑了，咱们都先回家吧！
好吧，那我们也回去了，大家再见！
你们也都猜到了吧，我觉得精灵身上戴的一定是“古约门之盾”的碎片。
可是这里的长辈说精灵消失了。

泪珠还在，精灵就会回来吧，有时候泪珠会闪烁一下。
!
小空，刚才一瞬间，我觉得你好帅哦！
那我们帮助星球恢复以往的生机，看看能不能把精灵召唤回来。
哈 哈 哈
脸红
App 扫一扫，观看实验视频教程

第⑤变 能托住水的纸

扫描章节最后一页，观看实验视频教程

新的一天
下雨啦！
下雨啦！

哇！

下雨了，
快接水。

我带你做一个小实验吧。你猜有孔的纸片能托住水吗？

肯定不能啊，小孔会漏水的。

我们回屋去试试看。

不用做实验啦，小孔肯定会漏水的。
万一出现奇迹呢。
首先用大头针在白纸上扎许多孔，然后盖在杯口上。
你是要把杯口倒过来，用纸片托住整杯水吗？

对，用手拖住纸片，将杯子倒转，使杯口垂直朝下，再将手轻轻移开，纸片纹丝不动地盖在杯口，而且水也未从孔中流出来。

哇！真的出现奇迹了呀！
其实也不算奇迹，这是有一定原因的。
大气压强
薄纸片能托起杯中的水，是因为大气压强作用于纸片上，产生了向上的托力。

张力
小孔不会漏出水来，是因为水表面有张力，水在纸的表面形成水薄膜，使水不会漏出来。

下次再也不敢妄下定论了。
是吧，这个世界有很多神奇的事，只有动手实验才能有新发现。

那以后我有不懂的可以问你吗？
当然可以啊！我们去外面看看盆里的水满了没有。

等会儿雨
就下大了。
还没有满，这
雨下得好慢。

我把所
有的盆
子都拿
出来。
嗖
嗖
嗖

这里还有一个小盆，我放在窗台上吧。
看！地上冒出几个绿芽了耶！

我看看……
这冒出来的应该是青草。
青草？和墙角冒出的一样吗？

差不多，但是草也是分很多种的。
是不是这些绿色植物长出来了，我们这就再也不会干涸了？

如果之后很长时间不下雨还是有可能会干。
减缓水分蒸发
如果地表上有植物生长，可以减缓水分的蒸发。
似懂非懂
App 扫一扫，观看实验视频教程

第⑥变 锁水神器

扫描章节最后一页，
观看实验视频教程

几天后的早晨
蓝琪姐姐，我们出去一下，一会儿就回来了。
嗯嗯，你们去吧。

咚咚咚
大家快进来吧！
我们太开心啦！这是几十年来第一次看到种子发芽！

外面的雨还在下，我想问有没有更方便的存水办法。
思考

有一种方法可以试一试。

需要我们准备什么吗？

目前不需要，我需要做个小实验证实我的方法是否可行，然后再告诉你们。

我回来啦！
外面的雨越
下越大了。
正好你回来了，
你和蓝琪一起
做实验吧！

杯子、滴管、纱布、海绵、
纸巾、水，应该只需要
这些吧！

向杯子中倒入水。

用滴管将水
别滴在纱布、
海绵、纸巾
上，观察水
滴的反应。

现在是不是要观察水滴的变化？
是的，看水滴在什么材料上消失得更慢。

水
空
空
海绵里的水不会消失耶！
太棒了！

显然海绵存水
更好！
怎么把它
用到生活
中呢？

这种存水的办法可以用
在植物上，将植物的根
部插入吸水海绵，能帮
助植物存水。

这个办法挺
巧妙的，一
会儿回去我
也试试。

大家
再见！

你回来啦！
看我带回来
什么好吃的！

小笼包！
那我们
开吃吧！

刚才他们来这里干什么？
他们问我有没有新的存水办法。
闪
你脖子上的泪珠这几天都在闪吗？

目前没见有什么动静，只是偶尔闪一下。
这到底是什么？我们一起从空中落下来的时候，你就突然有了这个东西！

一起落下来？不对呀，
我是从家里来的。

家里？

你不是和我们一起坐小飞云吗？只是从空中摔下来时你落到了远处。
我是在家里发现了泪珠，是它带我来的！
是时空折叠！

时空折叠？
简单来说，在我们摔落的几秒钟，唐吉回到了自己的世界生活了一段时间。
之后又和我们一起来到植物星球？

是的，就像做了一场梦。
哦……

哈 哈 哈

日子一天天地过去，在大家的辛勤耕耘下，植物星球在快速地恢复生机……树干上已经长满了叶子，小树长成了大树，地上灌木丛也长得越来越茂盛。

小伙伴们闲暇之余，有了乘凉的树荫，大家很是开心与欣慰。
App 扫一扫，观看实验视频教程
植物星球的气氛越来越好了。
是不是以后这里的环境就会变得特别好了？
那当然了！

扫描章节最后一页，
观看实验视频教程

新的一天
这种秧苗必须
分开种吗？
是的，
这种植
物比较
特殊。

唐吉，
我在地
下挖到
了这个。
这是我们之
前种的菜，
看来已经成
熟了。

现在是不是要把成熟的蔬菜收起来？
是的，首先将长在土壤下的蔬菜收在一起，然后将长在土壤上的蔬菜收在一起。

为什么白菜的叶子这么水润？
这就是毛细现象啊！

毛细现象？

这个很好理解，
我做个实验给
你看吧！

在杯子里装上清水，
向水里滴入色素。

三杯清水分别调和
成不同的颜色。
把大白菜叶插入水中，放置
两个小时后观察菜叶颜色的
变化。

两个小时后……
菜叶的颜色都发生了变化。

叔叔，您还记得植物通过什么吸水吗？
你之前说过，通过根部吸水。

是的，植物叶子中有很多“管道”，“管道”半径越小，水分上升高度越高。
H_2O 水

白菜叶的细茎可以轻松地把从根部吸收的水分输送到叶片的各个部分。

所以这就是你刚才所说的毛细现象？
嗯嗯！
这样说来，其实每一种植物上都有毛细现象呀！
总算是弄明白了，那我去搬运蔬菜了。

我要累垮了！
什么都不干还嫌累？

胡说！我可是大力神，怎么可能什么都不干！
爱偷懒的是你吧！每天都躲起来睡觉！

咕噜
好啦好啦，别吵了，我去给你找点儿吃的。

开饭啦！大家都休息吧！

走吧，明天再继续。

百米冲刺
App 扫一扫，
观看实验视频教程

第⑧变

淀粉变色

扫描章节最后一页，
观看实验视频教程

吃完了告诉我，厨房还有很多。

哇呜呜！

这孩子额头撞到桌角了。

什么魔术？
哥哥给你变个魔术好不好？

蓝琪，你把厨房的淀粉拿来给我。

准备好清水、淀粉、勺子、试管、滴管、碘酒和杯子。

首先用小勺取
出淀粉，装入
试管中。

用滴管滴
入清水。

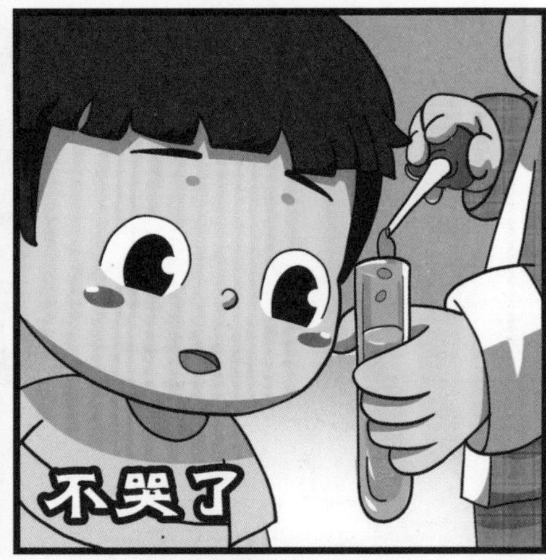
不哭了

轻轻摇晃
试管。

等一下会
发生什么
变化呢？

神奇的颜
色变化！

再用滴
管滴入
碘酒。
再次摇晃
试管，观
察颜色的
变化。
哇
变成蓝色了，
好漂亮！

你刚才是念了什么咒语吗？
念咒语是没用的，这有一定的科学依据。

淀粉遇到碘酒会变色，是因为淀粉与碘酒反应产生了一种包合物。
碘分子被包在了淀粉分子的螺旋结构中，这种新的物质能够吸收其他的可见光，从而变了色。

原来淀粉还有这种神奇的功效啊！

有你来拯救我们星球，真的太幸运啦！

哈
能吃到这么美味的食物也真的太幸运啦！
哈
哈

这里的肉也太好吃了吧！
那你跟着我们回来干什么，留在叔叔家继续吃呗！
我不想和你们分开呀！

这里和之前相比变化好大。

只是这么久了也没有“古约门之盾”的线索。

别太担心，说不定这正是“古约门之盾”对我们的考验呢！
你什么时候说话这么有深度啦！
每天和聪明的人在一起，耳濡目染了！
哈哈哈
App扫一扫，观看实验视频教程

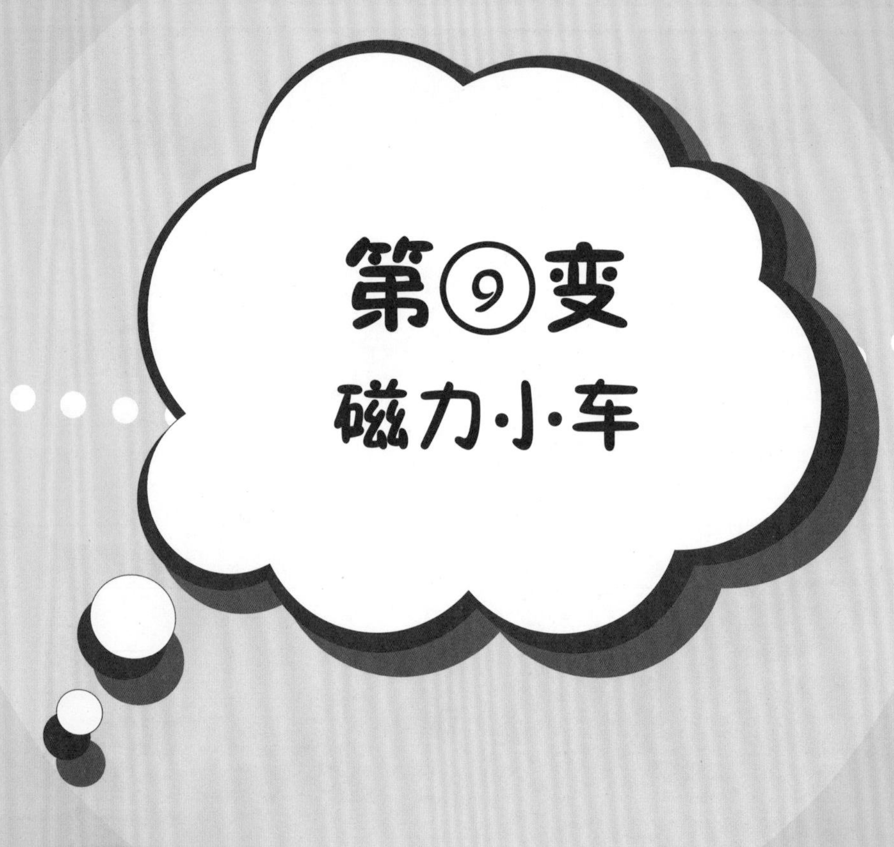

第⑨变 磁力小车

扫描章节最后一页，
观看实验视频教程

呦！小伙子你慢点儿，都撞到我了！

我慢点儿？是你突然停下来了，怎么还怪到我头上了？

您有长辈的样子吗？
你嚷嚷什么，有这么跟长辈说话的吗？

蓝琪姐姐：
我们出去了，
你在休息就没
叫醒你。
—包子
怎么一觉醒来他们又出去了啊！

关门

发生什么事了吗？你们吵得这么凶。
行了行了，我懒得跟你吵！

我背着这么沉的东西，他突然撞到我！
我背的东西就不沉吗？
好啦，都不要再吵了，这样搬运东西的确挺累的。

我想想别的办法，让你们既能运东西又能看到路好吧！

真的吗？

我找唐吉想想，总有办法的。

那太好啦！
那你们别生气了，我先回去了。

这样搬速度也太慢了吧！

还是用小推车快一点儿。

先去找唐吉，和他一起做小推车。

原来你在这儿啊！

我来帮爷爷做小推车。
唐吉哥哥，你在做什么啊？
唐吉哥哥在专心做小推车，我们一起去别的地方玩儿好不好？
好啊，那姐姐和我们一起做游戏吧！

嘘……
我们小声点儿，到他俩旁边去吓他们好不好？
好。

啊啊啊！

你们两个别偷懒了，我们一起做磁力小车吧。

唐吉不是正在做吗？

我们做磁力驱动迷你版的给孩子玩。

好啊，我们一起做！

准备双面胶、磁铁、雪糕棍、制作好的简易车体模型、车轴和4个圆形车轮。

将车轴和车轮安装在车体模型上。

用双面胶将磁铁分别贴在车体模型和雪糕棍上，注意粘贴的位置。

这就做好了吗？

试试用雪糕棍上的磁铁靠近车后的磁铁会出现什么现象。

哇，这也太神奇了吧！

这是贴了磁铁的原因吗？
是的，这个游戏利用了磁铁同极排斥，异极相吸的原理！
S N
S N
N S
N S
S N
N S
N S
S N

是不是选择磁性强一
点儿的会更明显？
是的，这样
磁铁同极排
斥力更强。

你的小车
做好了吗？

已经做好一
个了，叔叔
正在赶制更
多的。

这样他们
运输东西
就不会那
么辛苦了。
App 扫一扫，
观看实验视频教程

扫描章节最后一页，
观看实验视频教程

姐姐，这个可以
送给我们吗？

你做得还
挺精致的！
拿去吧，
这位姐姐
把它送给
你了。

聪明的哥哥，你
会不会做其他好
玩儿的东西啊？
唐吉哥哥什么
都会哦！

要不我们再做个好玩的吧！

那我找找看。

草地上有三根泡沫条、两片圆形泡沫片、弹力绳、铁丝、螺母，就用这些东西吧！

你这是要做什么，我怎么看不出来？

等我做出来给你一个惊喜。

首先把弹力绳穿过圆形泡沫片的中间的两个小孔并打活结。

将三根泡沫条插入圆形泡沫的三个孔中，调节弹力绳的松紧，重新打结。

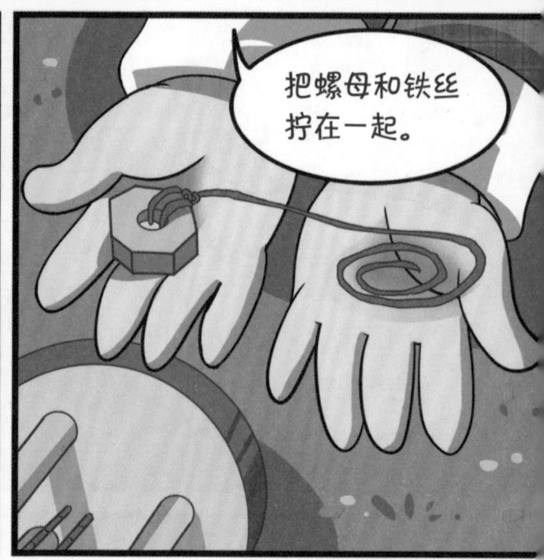
把螺母和铁丝拧在一起。

最后将铁丝一端缠绕固定在弹力绳中间，螺母悬在尾端。

这好像一个车轮。

对呀，这
就是模拟
的车轮。

这有什么好玩
的，不是说给
我惊喜吗？

咕噜咕噜

咕噜咕噜

啊？
这是怎么
做到的？

轮子向前滚动时，螺母比较重，它和弹力绳缠绕到了一起。
缠绕
重

由于弹力绳有弹性，滚动起来的弹力绳为了恢复原来的形状会使轮子向回滚。

你分析得太好了！

送给你啦，拿去和朋友们一起玩吧！

这里的生活
越来越好了。
对呀，大人种田，
小孩玩耍，还有
东西吃。
就知道吃！
绿植越来越多，
不知道精灵会不
会回来。

就算精灵不来，
我们过得也挺
开心的。
泪珠在闪烁！

似乎在传达
什么……

有关于碎片
的信息吗？

泪珠只是闪，但并
没有具体的信息。

只闪过一
次吗？
回忆
有时候晚上闪，闪
一下就不闪了，我
就没有告诉你们。

闪烁是代表正在
汲取能量吗？

我也不知道。

现在我们什么线索也没有，总不能一直在这待下去吧！
要不再等一段时间，现在也没有别的办法了。
以不变应万变！
我觉得先把目前我们能做的事儿做好了。

也对，现在植物星球的状态刚恢复。
植物星球的植物还不算多，森林覆盖率还是很低。
现在天气也渐渐好转了，时晴时雨，空气也很清新，再等一段时间吧！
为第二块碎片而加油！
加油！
App 扫一扫，观看实验视频教程

第⑪变 变速花

第⑫变 运水工

扫描章节其中两页，
观看实验视频教程

嘀嘀嗒嗒

雨停了。

我们出去
走走吧。

嘭

爸爸……

末末，别玩水，去
和哥哥一起玩。

哥哥带你去玩，
乖一点哦！
我们和他们
一起玩吧！

玩什么呢？

你们记得什么是
毛细现象吗？

记得呀，怎么了？

我们做一个
有趣的小实验。

那边有个湖，你帮
我打一点儿水来，
我们做个
小实验。

好的，你帮我照
看下末末。

哥哥回来啦！

清水、一个厚纸
花、一个薄纸花、
棉条、杯子、盘子，
我们的材料准备
齐啦！

把两片纸花分别
向中心折叠。

将纸花放入装
有清水的盘子
中，观察花瓣
打开的速度。

纸张的主要成分是植物纤维，纸张和水接触后，水会迅速浸润到纸张的纤维中，纤维便会膨胀，使纸张（花瓣）的折痕打开。由于纸张材质不同，吸水的速度不同，花瓣打开的速度也就不一样了。

你知道什么是毛细现象吗？

认真
在自然界和日常生活中有许多毛细现象的例子。
砖块吸水、毛巾吸汗、粉笔吸墨
都是常见
毛细现象！

在这些物体中有许多细小的孔道，能够起到毛细管的作用，就和植物的茎一样。

孩子们，
回家吃
饭了！

哥哥，妈妈叫我和
末末了，你们来我
们家玩吧！
好啊，
好啊！

这是用新木头盖的
房子，空气中还有
木材的清香。

快进来吧，饭已经做好了！

阿姨，您这房子是刚建好的吧。
是的，换个大房子，孩子们住得舒服点。

现在植物好不容易长出来，砍伐后一定要种新的呀！

嗯嗯，我们知道，伐木植新才有源源不断的木材可以用。

阿姨我吃饱了，我想
去二楼看看。

吃饱了
就去吧！

啦啦啦……

咦？

这么强的力
量，植物精
灵要来了吗？

App 扫一扫，
观看实验视频教程

第⑬变

空中飞人

扫描章节最后一页，
观看实验视频教程

泪珠又发光了吗？
我能感觉到很强烈的能量，但是还是没有具体的线索。
我在这边，快来追我啊……
他们玩得好开心啊！

看，天上有
小飞人儿！

是唐吉哥哥做
的！哥哥，我也
想要小飞人。

大家一起来
玩吧！
让唐吉哥哥
教你们。

做这个小飞人很简单，
大家要认真学呀！

首先准备降落伞和塑料小人各1个。

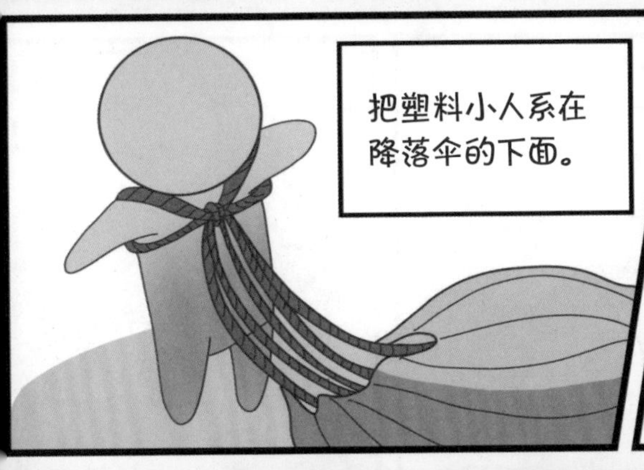
把塑料小人系在降落伞的下面。

展开降落伞。

哇！小飞人落下去了！

我们一起上楼看看。

为什么降落得
这么慢？

降落伞利用空气阻力，
使人或物体从空中缓慢
地向下降落。

人也可
以吗？

调整降落伞的大
小，人也是可以的。
要是把包子系在下面，
是不是需要用两个超
大的降落伞？

为什么要用
两个降落伞？

因为你太胖了，
又肥又胖……

看我怎么
收拾你！

有本事你
别回来！

其实用一个
大型的降落
伞就够了。

降落伞在降落时
与空气的接触面
积越大，阻力也就
越大。
大
小
下落的速度减小
很多，落地时不至
于出现生命危险。

小哥哥别生
气，给你一
个棒棒糖。

哥哥不吃，
谢谢！

末末太
可爱了！
App 扫一扫，
观看实验视频教程

第⑭变 魔幻陀螺

扫描章节最后一页，
观看实验视频教程

阿姨，我和弟弟
先回去了。

哇！
好漂亮的
花……

妈妈，这花
好香啊！
小心点儿，
不要撞到
花盆。

妈妈，我想
要两朵花。

为什么要
两朵呢？

一朵花
送妈妈。

那另一朵呢？

另一朵送给
琪琪姐姐。

末末对我
真好。

是不是懂事
儿的小孩也
很聪明呢？

那当然，妈
妈一直夸我
聪明呢。

那等下姐姐教
你做一个玩具，
你可要认真学
哦！

嗯嗯，末末一
定能学会的。

那我们现在开始动手吧。

我们需要准备好这些工具。

这个刷子是给花瓣上色用的吗？

嗯嗯，是的。

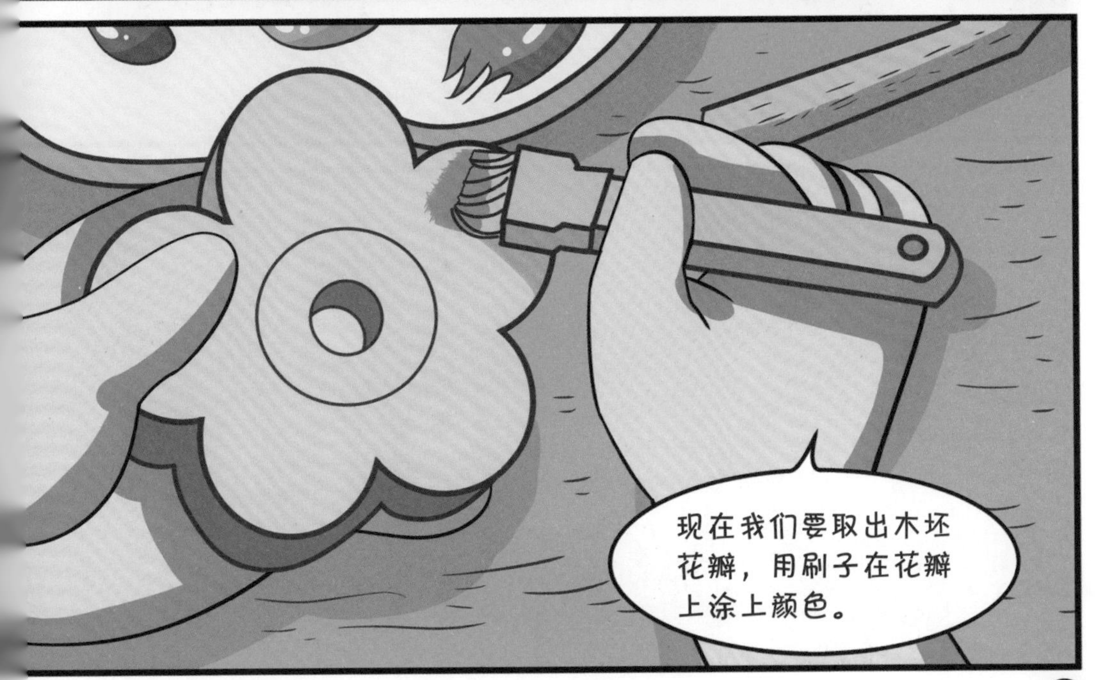
现在我们要取出木坯花瓣，用刷子在花瓣上涂上颜色。

要认真学。

嗯嗯！

然后等颜色
变干，再装
上木轴。

每片花瓣的颜
色都不一样！

魔幻
陀螺！

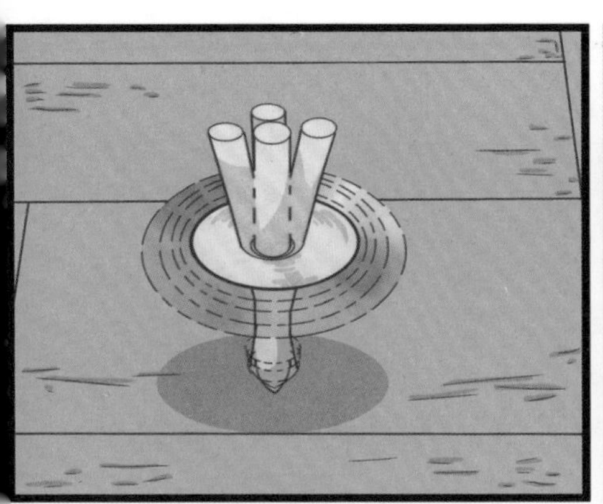

颜色混合在一起了吗？好漂亮啊！

刚才的过程你学会了吗？
嗯嗯，我学会了。

可是为什么它转起来的时候颜色更好看呢？

这种可以看到物体残留影像的现象叫“视觉暂留”。
我们的眼睛所看到的物体消失后，仍然能够暂时保留其影像。

认
真
当彩色陀螺快速旋转时，人眼跟不上其飞速的变化。
所以会出现混色现象。
哦！原来是这样啊！

阿姨，我们有
事先回去了。

姐姐，你下
次再来我们
家玩吧！
再见！
再见！
姐姐下次
一定要来哦。

我看到泪珠闪烁的光很强烈。

这次闪烁与之前有什么不同吗？怎么这么着急走？

我们走快点儿，我感觉这是精灵的召唤！

嗖
嗖
嗖

会不会冒出
一个妖怪？
你别乱说话！

泪珠越来越烫了！

哇！

这是什么？

我被带过来的时候好像也有绿色的光。

App 扫一扫，
观看实验视频教程

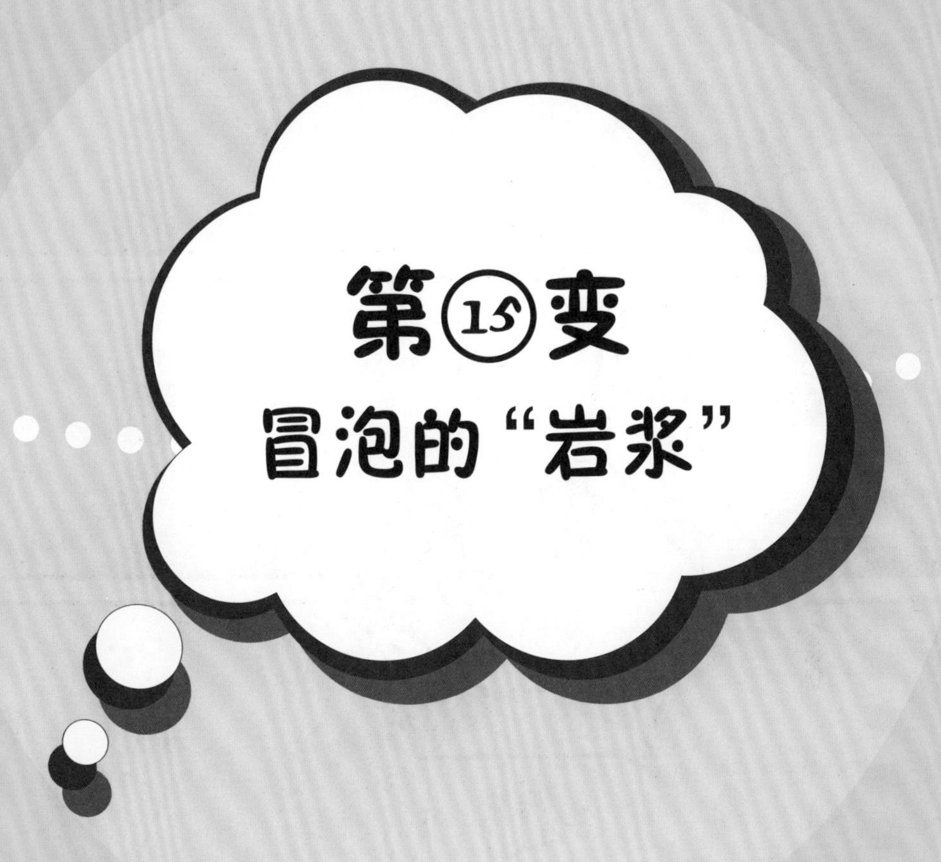

第⑮变 冒泡的“岩浆”

扫描章节最后一页，
观看实验视频教程

好美啊！
那个站在树上的小仙女是谁？
应该是植物精灵，你们看，她的脖子上是“古约门之盾”的碎片！

谢谢你们帮我
恢复了植物星
球原有的样貌。

叮～

你们想要什
么尽管说。

哇！！

两个贪心的家伙！
我们做了这么多绝不是来跟你讨要这些的。
对，我们是来找你要“古约门之盾”的碎片的。

我在另一个空间遇到了泪珠，然后就被带到了植物星球。
我知道这泪珠是精灵王国才有的。
来到这里后我觉得星球遇到了麻烦，我们四人就想帮助这里恢复原来的生机！
除了帮助这里恢复生机，这次我们愿意留下来还有一个原因，就是想找“古约门之盾”的碎片。

我不知道你们说的“古约门之盾”的碎片是什么。

就是你脖子上的那个碎片。

这个不能给别人！

我们不是别人啊。

我们帮了你很大的忙，如果不是我们，你也不可能回到这里，不是吗？

我们做的这一切就是为了可以收集到碎片，你看看植物星球现在的样子，把碎片赠与我们就当是交换可以吗？

你们等我一下。

你们拿到碎片之后就要离开吗？

我们想尽快回去，走之前要和大家告别。

毕竟在这里待了这么久，对大家也有感情了。

那你们回去，不要告诉他们我回来了，晚一点儿我再和大家见面。

唐吉哥哥。

怎么了？

唐吉哥哥说有什么不懂的都可以问他的。

唐吉哥哥，岩浆是什么？书上说的我不明白。
哪里不懂啊？
我带你做个小实验吧！

首先我们需要准备瓶子、
食用油、颜料、泡腾片
和清水。
向瓶子中
倒入少量
的清水。

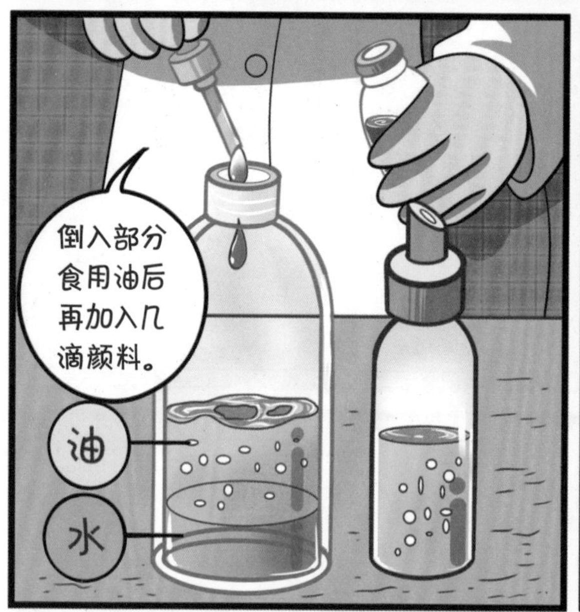
倒入部分
食用油后
再加入几
滴颜料。
油
水

这个泡腾片
是最关键的
材料。

放入泡
腾片。

咕噜
咕噜
哇！

真正的岩浆像火海
一样，会给大自然
带来很大的伤害。

那瓶子里面的液
体会有危险吗？

没有危险，这个
是模拟岩浆喷
发的实验。

唐吉，东西
我都帮你装
好了。
App 扫一扫，
观看实验视频教程
你们要离
开了吗？

不舍的别离

对呀！

为什么突然
要走呢？

我们在这待太久
了，该回家了。

你们不能走，
星球需要你们。
会有人替我们
守护这里的。

是精灵要回来了吗，所以你们才要走的？

不是的，因为我们有更重要的事情要做。

你们为星球付出了很多，突然要离开，我舍不得你们。

精灵也奉献了很多呀！
那她为什么离开了呢？

很久以前，因为这里的
植物大面积枯死，植物
精灵才被迫离开的。

认真

所以我们离开后，
你要勤劳一点儿，
给大家做榜样！

对呀，等你学
会做小笼包，
我们可能就回
来了。

哈哈
哈哈

精灵回来了，
我们的守护者
回来了！
我们一起去迎接
植物精灵吧！

真的回来
了吗？
我亲眼看
到的！

以后这里就由植
物精灵来守护了。

今天开始，
这里就由精
灵守护了。

什么意思，
你们要走吗？

我们只是暂时离开，还有
其他地方需要我们。

下次回来要给
我准备好多好
多包子哦！

哈哈哈
哈哈

我们走了，
大家再见！
星球的村民
们会想念你
们的！
哥哥姐姐一定
要回来啊！

再见！
再见！

再见啦！

嗖